## 图书在版编目（CIP）数据

动物了不起 /（法）伊曼纽·沙尼，（法）安德烈·博斯著；（法）伊夫·加莱尔努，（法）西尔万·弗雷孔，（法）卡罗琳娜·皮卡德绘；张学有译. -- 北京 : 海豚出版社，2022.5
ISBN 978-7-5110-5931-4

Ⅰ.①动… Ⅱ.①伊… ②安… ③伊… ④西… ⑤卡… ⑥张… Ⅲ.①动物 - 儿童读物 Ⅳ.① Q95-49

中国版本图书馆 CIP 数据核字 (2022) 第 043759 号

*La p'tite encyclo des animaux* © Bayard Editions, 2018
Text : Emmanuel Chanut ; Illustrations : Yves Calarnou and Sylvain Frécon
Stories : André Boos ; Jean-François Pénichoux ; Caroline Picard ; Marie Winter-Victor

版权登记号：01-2021-4057

出 版 人：王 磊
项目策划：巴亚桥
责任编辑：张国良 白 云
特约编辑：贺梦琦
装帧设计：王竹臣
责任印制：于浩杰 蔡 丽
法律顾问：中咨律师事务所 殷斌律师

出　　版：海豚出版社
社　　址：北京市西城区百万庄大街 24 号　　邮编：100037
电　　话：010-68996147（总编室）　 010-68325006（销售）
传　　真：010-68996147
印　　刷：河北鹏润印刷有限公司
经　　销：全国新华书店及各大网络书店
开　　本：16 开（889 mm× 1194mm）
印　　张：6
字　　数：100 千
印　　数：1-5000 册
版　　次：2022 年 5 月第 1 版　　2022 年 5 月第 1 次印刷
标准书号：ISBN 978-7-5110-5931-4
定　　价：98.00 元

［法］伊曼纽·沙尼 ［法］安德烈·博斯 / 著

［法］伊夫·加莱尔努 ［法］西尔万·弗雷孔 ［法］卡罗琳娜·皮卡德 / 绘

张学有 / 译

# 动物了不起

海豚出版社
DOLPHIN BOOKS
中国国际传播集团

# 目 录

## 哺乳动物大发现 · 12

## 鸟类大发现 · 26

## 鳄鱼大发现 · 36

## 爬行动物大发现 · 46

## 龟类大发现 · 56

## 两栖动物大发现 · 66

## 鱼类大发现 · 72

## 鲨鱼大发现 · 78

## 小型无脊椎类大发现 · 88

# 动物大家族

世界上有各种各样的动物：大型的、超大型的、小型的，还有微小型的。有些动物没有骨骼，有些动物长着很多爪子，还有的浑身长满羽毛……想要分清楚这些动物可没那么简单！

幸运的是，科学家们从很久很久以前就开始不断地研究这些动物，并给它们起了各种各样的名称。

比如，像章鱼和蜗牛这种身体柔软的动物被称为软体动物。

体表覆盖外骨骼，身体分为头、胸、腹的动物被称为节肢动物。

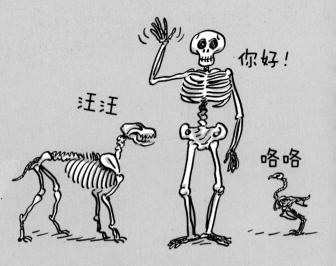

体内有脊椎骨的动物则被称为脊椎动物，例如我们人类！

科学家对动物在大自然中的生存状态进行观察，
试图弄清楚哪些动物属于同一个家族，它们的祖先又是什么样子。

得益于对化石的研究，
科学家们找到了动物们的祖先。

他们发现，随着时间的推移，
动物身上发生了很多变化。

咯咯

在过去很长一段时间里，人们都认为外表相似的动物属于同一个家族，
实际上，事实并不总是如此。

# 动物的亲属关系

猫和豹长得很像，这是因为它们是近亲的关系。
但科学家们还发现，有些动物在相貌上毫无相似之处，
但它们居然也来自同一个祖先！

## 一代又一代……

出生后的动物幼崽身上，
或多或少总会
有一些地方，
和它们的父母兄弟
长得都不一样。

和上一代相比，
每个个体出生后都会有微小的变化。

因此，数百万年以来，通过一代又一代的繁衍，动物身上发生了很多变化。
有些动物甚至变得和它们的祖先和近亲一点儿也不像了。

## 我们把这个过程称为"演化"。

让我们用树状的进化图来展示动物进化的过程和家族发生分组的顺序。

这是脊椎动物的进化树。

从中可以看出，这些动物之间都是近亲的关系。

两栖动物

龟类

蛇类

鳄鱼

鸟类

鱼类

哺乳动物

软骨鱼（如鲨鱼）

看，太不可思议了，和鳄鱼关系
最密切的亲属居然是鸟类！

当动物的身上发生了明显的变化时，
这棵树上就会长出新的分枝，
这些动物也就形成了一个新的大家族。

**小型无脊椎动物**

是不是很不可思议？数百万年前，
所有脊椎动物的祖先居然
生活在海洋之中。

尽管昆虫、蠕虫和其他的一些小
型动物没有脊椎，但它们也是人
类的远亲。

# 哺乳动物大发现

我们称它们为哺乳动物，
是因为母体动物胸上长有乳房，
并通过乳房分泌乳汁来哺育幼体。

哺乳动物生有**四肢**，
并且肢体的末端长有**爪子**、
指甲或是**蹄子**，
有的四肢特化为**鳍足**。

母体胸前长有**乳房**。

哺乳动物身上长有**毛发**。
通常情况下，
它们的毛发覆盖全身，
形成动物的**毛皮**。

哺乳动物的耳朵长在头的上方，
可以活动，
被称之为**外耳**。

哺乳动物通过
肺进行**呼吸**。

哺乳动物有好
几组形态与
功能各异的
**牙齿**。

你知道吗？

雌性哺乳动物用
乳房分泌出的乳汁
来哺育自己的幼崽。

无论外界的天气多么热
或是多么冷，哺乳动物的体温
可以保持恒定。

# 了不起的哺乳动物！

哺乳动物多种多样，有的用四肢奔跑，有的用鳍在水里游泳，
还有的甚至长着翅膀！

**北极熊**是陆地上体格最庞大的肉食性四足动物。
它们生活在北极圈。

**袋鼠**的后腿肌肉发达，能够奔跑
和跳跃，尾巴还能够帮它保持平衡。

**鹿**的头上长着角。这些角每到秋天就会
脱落，然后等到来年春天再长出来，而
且会比前一年长得更大更长。

**大象**的鼻子强壮有力，
可以被当作手一样来使用。

**飞鼠**能够借助四条腿之间的飞膜
在树林中滑翔。

**老虎**能够在无助跑的情况下轻易
跳上二楼的高度。

**海豚**虽然在水中生活，
但它们经常需要浮出水面来呼吸。

**野兔**的后腿粗壮有力，
这使得它能够奔跑跳跃。
野兔奔跑的速度能够达到每小时 80 千米。

**鼩鼱**（qú jīng）长得像小老鼠，
但它是刺猬的近亲。鼩鼱是世界
上体型最小的哺乳动物。

**犀牛**的皮非常厚，
就像铠甲一样。

长臂猿的长胳膊可以帮助
它攀爬树木，
在林间来回穿梭。

狼的耐力非常好。它不仅能够长时间奔跑，
而且可以连续几天跟踪同一个猎物。

长颈鹿的脖子很长，
但它们身体里的
骨头数量却并不比人类多多少。

鼹（yǎn）鼠生活在土穴中。它们的视力完
全退化，它们根据在地下闻到的气味和听到
的声音来辨别方向。

蓝鲸是地球上最大的哺乳动物。
它们的身体长达 30 米，
比两辆连在一起的公交车还要长！

**大猩猩**是猴类中体型最大、最强壮的。
雄性大猩猩的体重可以达到 250 千克！

**鸭嘴兽**是最奇特的哺乳动物，
他们会下蛋，还长着和鸟一样的喙（huì）。

**海牛**性情温顺。
它是水手口中美人鱼故事的原型。

**狼獾**（huān）性情凶猛，
它不惧怕任何动物，就算是熊也要让它三分。

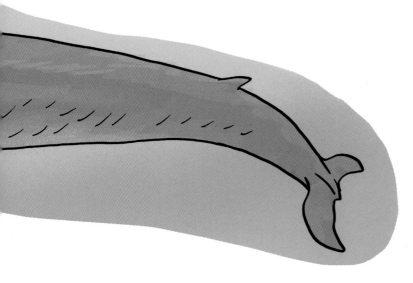

**指猴**的眼睛很大，在漆黑的夜里也能看
得很清楚。它们的手指非常长，可以在
腐烂的树干中捕食昆虫。

# 雪豹——
# 杂技高手式的猎食者

**雪豹跟金钱豹、狮子、老虎和猫都是近亲。**
**当然，它也和其他猫科动物一样，**
**是一位可怕的猎食者！**

雪豹生活在中国、
中亚和南亚的高山地区。

这头雪豹正准备去觅食。
它的毛皮非常厚，寒冷
的冰雪也不能阻挡它的
脚步。

18

它发现了猎物！
一头野山羊正沿着
悬崖逃跑。
野山羊加快了速度，
雪豹在后面
紧紧追赶！

好在雪豹十分擅长
在陡峭的悬崖上
奔跑跳跃，
长长的尾巴还能帮
它保持平衡。

为了跑得更快，
就算腾空飞跃，
雪豹也丝毫不会害怕。
它是名副其实的
杂技高手！

现在，雪豹已经非常接近野山羊了，它准备发起进攻。但是有什么东西吸引了它的注意力：远处有几个人类往这边来了，手里还拿着枪。

雪豹认出了这些人。他们之前就想猎杀这头雪豹。

所以，雪豹还是选择了放弃猎物，迅速逃到安全的地方把自己藏起来。

# 猫科动物：动物中的王者！

老虎是体型最大、身体最强壮的猫科动物。
雄性老虎的体重能达到 300 多千克，
身体就跟轿车一样长。

家猫是小型猫科动物。

大部分猫科动物的爪子可以自由
伸缩。

所有猫科动物的夜视能力都非常好。
所以无论白天还是黑夜，
它们都能够捕猎。

猫科动物在弹跳方面也是王者！
它们能够一下子跳出很远的距离，
也能够从高处跌落时让自己毫发无损。

呼 呼 呼……

# 哺乳动物大家族

哺乳动物内部可以分成许多不同的大家庭。

就算是近亲，它们之间也可能会有一些比较明显的差别。

## 哺乳动物中的家族成员

在这个大家族中，我们既能够找到长着獠牙的猎食者，
也能够找到奶牛和鲸鱼！

**猎食者**都是食肉动物。

黄鼠狼

狼

鬣（liè）狗

海豹

狮子

熊

有些哺乳动物长着**蹄子**。

马

河马

长颈鹿

鹿

犀牛

还有一些哺乳动物
长着**鳍**（qí）。

海豚

鲸

**蝙蝠**的前肢
长得像翅膀
一样。

吃昆虫的哺乳动物被称为
**食虫动物**。

刺猬

鼹鼠

**穿山甲**身上
覆盖着坚硬的
鳞片。

## 身上长着口袋的动物们

人们把这些动物称为
**有袋动物**。雌性有袋动物的肚子上
长着一个口袋，
用来照顾它们的幼崽。

负鼠

袋猫

袋獾

考拉

袋鼠

## 攀爬类动物和它们的近亲

动物界中与猴子关系最近的亲戚居然是鼩鼱，真是不可思议！

**猴类大家族**分为有尾和无尾两种。

**狐猴**长着大大的眼睛。

**眼镜猴**长着大大的脚。

**老鼠**、**松鼠**和**豪猪**属于啮（niè）齿动物。

**家兔**与**野兔**家族被统称为**兔形目动物**。

**鼯**（wú）**猴**借助四条腿之间柔软的翼膜滑翔。

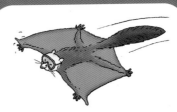

## 不可思议的贫齿动物[1]！

尽管这些动物**缺少齿根**，**比如树懒和犰狳**（qiú yú），但这并不影响它们进食！

**犰狳**的皮肤非常厚，像铠甲一样。

**食蚁兽**完全没有牙齿。它用富有黏液的长舌头捕食昆虫。

**树懒**移动非常缓慢。

[1] 贫齿动物：在南美洲热带森林和潘帕斯草原上生活着一种独特的动物，它们没有犬牙和切牙，因此被称为贫齿目动物。食蚁兽完全没有牙齿，它也是贫齿动物。
——编者注

## 来自非洲的动物

这些动物的祖先都来自非洲。

**土豚**长着长长的嘴巴和尖尖的耳朵。

**大象**的长鼻子可以够到地面。

**儒艮**（rú gèn）和海牛生活在水中，被统称为海牛目动物。

**蹄兔**的体型跟普通兔子差不多。

海牛

# 欢迎来到非洲大草原

非洲大陆上有一片巨大的草原，那里的气候很炎热。
你认识生活在这里的动物吗？

织布鸟用草织成自己的巢穴。

非洲大草原上树木稀少，其中最著名的就是刺槐。见到这种树要小心，因为它浑身都是刺。

多亏了长长的脖子，长颈鹿不仅能够吃到刺槐树叶，还能避免被树上的刺扎到。

鸸鹋（ér miáo）

袋鼠只会跳，不会跑。

鬣（liè）狗经常偷吃其他动物的食物。

为了避免食物被其他动物偷走，这头猎豹把战利品藏在树上。

眼镜蛇在捕食前会先晒晒太阳，让自己的体温升高。

大熊猫喜欢吃翠嫩的竹子。

24

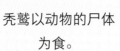

秃鹫以动物的尸体
为食。

有六种不该出现在这里的动物
混进了非洲动物的大家族里。
你能把它们找出来吗？

北极熊不喜欢炎热
的天气。

猎豹是非洲大草原上跑得
最快的动物，速度可以超
过每小时 100 千米。

羚羊是弹跳
界的冠军。

老虎更喜欢在森
林里生活。

鸵鸟虽然不会飞，
但跑得跟马一样快。

这群母狮正准备
袭击斑马群。

黑熊

为了享受清凉，白天河马会一
直泡在水里。但到了夜里，它
们就会上岸吃草。

这头母鳄鱼正要把鳄鱼宝宝们
藏起来。

北极熊生活在北极地区；老虎生活在亚洲和东南亚的丛林里；黑熊的栖息地遍布亚
洲和北美地区；羚羊生活在中国的部分地区；猎豹和鸵鸟都生活在非洲。

# 鸟类大发现

**鸟类是恐龙的后代。**
**它们跟自己遥远的祖先一样，也长着羽毛。**
**所有的鸟类都没有牙齿。**

背上的**覆羽**
可以抵挡风雨。

鸟类的翅膀和尾巴上的
羽毛可以帮助它们飞行。
翅膀上的羽毛被称为
**飞羽**。

尾巴上的羽毛
被称为**尾羽**。

表层羽毛下方
覆盖着细小的
绒毛，这些**绒毛**
可以保暖防寒。

每根爪子上都长着**四根脚趾**，通常是三根
在前，一根在后，脚趾上还长着尖尖的指甲。

鸟头部两侧的羽毛下各隐藏着一个小洞，那是它们的**耳朵**。

鸟类的嘴被称为**喙**。它们的喙和指甲一样，主要成分都是角质蛋白。喙的上方长有两个小孔，那是它们的**鼻孔**。

鸟也长有四肢，但它们的前肢演变成了**翅膀**。

## 你知道吗？

鸟类是唯一长着羽毛的动物。羽毛的成分和指甲一样，都是角质蛋白。

雏鸟从鸟蛋里被孵化出来，鸟蛋的外面有一层坚硬的壳，起到保护的作用。

# 了不起的鸟类！

许多鸟都会飞，但不是所有的鸟都可以飞。
有些鸟长得很奇怪。

麝雉（shè zhì）的翅膀下长
着爪子，可以帮助它攀爬树木。

鲣（jiān）鸟捕鱼的时候，
会头朝下飞快地俯冲到水中。

啄木鸟用尖嘴啄开枯树，
用舌头捕食里面的小虫。

鸵鸟的翅膀太小，
无法飞翔。
它属于走禽。

几维鸟的翅膀小得
几乎看不见。

蜂鸟的体型微小，
它用长长的喙
吸食花蜜。

企鹅也是鸟类。它们虽然不能
飞，但翅膀可以帮助它们在水
中快速游动。

**松鸡**生活在山林里，
它不怕严寒。

**极乐鸟**的羽毛色彩鲜艳，
还非常厚重。
但这并不耽误它飞行。

**雨燕**几乎从不休息，
它可以一边飞翔一边睡觉
或者是吃东西。

**鹈鹕**（tí hú）巨大的喙
长着富有弹性的口袋，
就像用来捉鱼的网一样。

**秃鹫**长长的脖子十分灵活，让它可以轻而
易举地吃到动物尸体的内脏。

**火烈鸟**形状奇特的喙可以帮助它捉到藏在
淤泥里的小虫。

# 隼（sǔn）——目光敏锐的猎食者

红隼（sǔn）是一种猎食性鸟类。
这种猛禽行动迅速，
捕食效率高。

红隼生活在乡野、城市中。
它喜欢在田地里、乡间小
路和城市公园里捕食。

它的视力很好，
即使在空中飞翔，
也能清楚地
看见地面上小动物的踪迹。

好了！这只红隼锁定了目标！它要发起进攻了。
它降低了飞行高度，飞得和树林一样高。

突然，
它开始快速扇动翅膀。
令人惊讶的是，
这样做居然是为了减速，
从而可以原地飞行。
它已经飞到了目标上方！
正紧盯着它的猎物。

当它做好准备时，
就会像石头从高处坠落一样，
直接俯冲向地面。它会成功吗？

它抓到了一只田鼠。红隼用力收紧利爪，
紧紧按住田鼠。

红隼不打算马上吃掉这只田鼠，
而是把它带回家，喂养孩子。
哇！幼鸟们可以好好享用了！

# 鸟类大家族

鸟类是恐龙的后代。它们征服了天空，不过在陆地上也可以找到它们的踪迹：
无论是森林、平原还是沙漠，
甚至就连大海里都能看到它们的身影。

## 走禽

它们的翅膀很小，无法飞翔。

鹤鸵 几维鸟 鸵鸟 美洲鸵

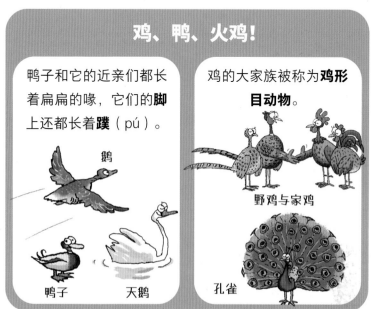

## 鸡、鸭、火鸡！

鸭子和它的近亲们都长着扁扁的喙，它们的脚上还都长着蹼（pú）。

鹅 鸭子 天鹅

鸡的大家族被称为**鸡形目动物**。

野鸡与家鸡 孔雀

## 其他鸟类

尽管看起来并不相像，
但它们都是亲戚！

山雀 白鸽 鹤 蜂鸟 猫头鹰 鹈鹕 企鹅 大海鸥 鹰 啄木鸟 鹦鹉 喜鹊

# 欢迎来到热带雨林

热带雨林又被称为热带丛林。那里天气炎热，还经常下雨。
这幅图表现的是位于南美洲的一片热带雨林。

松鼠猴在树枝间来回攀爬跳跃，寻找可口的水果和昆虫。

为了接收更充足的光照，许多爬藤植物缠绕着树枝向上生长。

这条蟒蛇盘卧在树枝上休息，安静地等待猎物的到来。

树懒移动得十分缓慢。

獴捕食动物的能力很强，连蛇都是它的猎物。

貘（mò）用迷你版的象鼻采摘树叶食用。

箭毒蛙虽然体型微小，但它的皮肤表面可以分泌致命的毒液。

狼

金刚鹦鹉身上的羽毛色彩鲜艳，
一眼就能辨认出来。

有四种不该在这里的动物混进了南
美洲的热带雨林。
你能把它们找出来吗？

藤蛇的身体纤细，
但它们的长度
可以和人的身高一样。

蜂鸟体型微小，
以花蜜为食。

双角犀鸟

这头美洲豹准备向凯门
鳄发起进攻。它不怕水。

大猩猩会爬树。

考拉几乎整天
都待在树上。

水豚是一种啮齿
动物，体型和狗
差不多。

这头凯门鳄正慢
慢接近水豚，尝试
将其捕杀。

混进热带雨林的动物有：大猩猩和考拉生活在非洲和亚洲的丛林中；
双角犀鸟生活在亚洲的热带雨林中；水豚真正的产地在非洲。

# 鳄鱼大发现

**鳄鱼长得很像恐龙，它们总是生活在炎热、潮湿的地区。**

鳄鱼的皮肤上覆盖着盔甲一样坚硬的**鳞片**。

鳄鱼的每个脚趾上都长着坚硬的**爪子**。

鳄鱼的四肢肌肉发达，既可以爬行，也可以跑得和人类一样快。

鳄鱼的尾巴就像**鳍**一
样帮助它在水下游动。

鳄鱼的**尾巴**里储存着大量的脂肪，
有了它，鳄鱼每星期只需
要进食一次。

鳄鱼的**眼睛**长在头部上方。
即使身体藏在水下，它也能看
到水面上方发生了什么。

鳄鱼需要呼吸空气。
它的**鼻子**长在嘴的上方。

鳄鱼的**牙齿**非
常锋利。

鳄鱼的**嘴**很长，天气炎热时，它会张
开嘴，借助空气流动让自己保持凉爽。

你知道吗？

鳄鱼之间通过发出不同的声音
进行交流：咆哮、嚎叫、狂叫
甚至是吹口哨！

幼体鳄鱼主要以昆虫为食。

# 了不起的鳄鱼！

鳄鱼可以分为很多种，每种都不一样。
尽管它们长得都差不多，但我们不能把它们简单地一概而论。

**湾鳄**是体型最大的鳄鱼。
因为它生活在澳大利亚的海岸沿线，
所以又被称为海鳄。

**尼罗鳄**是最著名的鳄鱼。
它们在非洲各地的江河湖泊中捕食，
身长能达到 6 米。

**侏儒鳄**只比成年人类的体型
稍微大一点，它们只生活在非洲潮湿
的森林之中。

**美洲鳄**在佛罗里达和中美洲地区的
江河湖海边捕食。它的上下颌咬合力
很强，连海龟都是它的食物！

**凯门鳄**栖息在南美洲的森林中。它能够捕杀食人鱼这种凶猛的鱼类。

**美洲短吻鳄**的体型和尼罗鳄一样庞大。而且它也跟尼罗鳄一样，生活在江河湖泊之中。

**非洲狭吻鳄**长得与恒河鳄相似，所以也被称为非洲恒河鳄。它以鱼类、蛇类和蛙类为食。

**扬子鳄**生活在长江中下游地区，冬天的时候会爬到洞穴中藏起来。野生扬子鳄数量已经很少了。

**恒河鳄**生活在印度。它的体型可以达到它的近亲——尼罗鳄那么大。但因为嘴巴十分细长，它大多时候都以鱼类为食。

# 尼罗鳄的故事

尼罗鳄因生活在埃及的
尼罗河中而得名。
但实际上，它们也生活在其他地域的
江河湖泊以及沼泽中。

这只鳄鱼已经趴在水边休息了好几个小时。
一旦有猎物靠近时，它就会迅速冲到水中。

从陡峭的河岸下到水里之后，
它先用四条腿爬行，
然后摇动尾巴，
快速游动起来。

它在水下静静地
游了一会儿，
然后在水中找到一个
隐秘的位置把自己藏
起来。它只让眼睛和
鼻子露出水面，
一边监视猎物，
一边呼吸。

角马们正在喝水，
丝毫没有意识到危险
正在靠近。
但鳄鱼已经
盯上了它们，
并且马上就要
发起进攻。

鳄鱼在水下慢慢靠近角马，
准备在角马毫无防备的时候袭击它们。
快看！
它游到岸边了，
就要准备下手了！

突然，
鳄鱼冲出水面，
咬住了角马的一条腿，把它拖到水里！
角马奋力反抗，
但已经无济于事了。

一切都结束了，
鳄鱼成功地把角马拖到了水下。
等角马淹死后，
鳄鱼就可以享用大餐了。

# 鳄鱼大家族

**鳄鱼在地球上已经生活了 1.7 亿年。**

**在这段漫长的时间里，它的外表没有发生太大变化。**

## 鳄鱼

大部分的鳄鱼生活在非洲、美洲和中国。当它们合上嘴时，我们依然能够看到其下颌露出的牙齿。

尼罗鳄

侏儒鳄

## 恒河鳄——最奇特的鳄鱼

生活在印度的恒河鳄是鳄鱼家族中长相最有特点的。它的嘴又细又长，鼻尖上还长着一个肉球。

## 短吻鳄和凯门鳄

**短吻鳄**合上嘴时，

只有上颌的牙齿会露在外面。

大部分短吻鳄生活在美洲。

**凯门鳄**也生活在美洲。

它们的体型不大，只比人稍微大一点，

但是它们的身体十分强壮。

# 欢迎来到沙漠

沙漠是一个不怎么下雨的地方。世界上最大的撒哈拉沙漠横跨非洲的最东端和最西端。你认识生活在这里的动物吗？

几乎没有哪种植物能够适应撒哈拉的干旱，但是刺槐能在这里生长。

双峰驼可以好几天不喝水。

白冠黑鵖（bī）是红喉雀的近亲。

斑鬣狗喜欢捕食羚羊。

瞪羚不需要喝水，它们从树叶中获取水分。

有角的蛇一般都是角蝰（kuí）蛇。

蝎子的尾巴上长着毒刺。

跳鼠因擅长跳跃而得名。

头盔守宫只在夜里捕食，白天的时候它喜欢晒太阳。

有五种不该在这里的动物混进了撒哈拉沙漠，你能把它们找出来吗？

地中海隼在天空中寻找猎物。

岩羚是个爬山高手。

大猩猩用树叶遮挡刺眼的阳光。

袋鼠

长耳狐大大的耳朵可以帮助它散热，抵挡酷暑。

豺经常吃骨头。

沙漠巨蜥在天气炎热时会躲在岩石阴影下面避暑。

蜣螂滚动粪球，带回去喂养小宝宝。

松鼠

砂鱼蜥又叫沙石龙子，它移动时就像在沙子里游泳。

大猩猩生活在非洲的热带雨林；袋鼠生活在澳大利亚；松鼠生活在树林、树上。岩羚生活在欧洲南部的山上；地中海隼在欧洲南部繁衍生息。

# 爬行动物大发现

蛇是最为人熟知的爬行动物。

它虽然没有脚，但爬行的速度非常快。

它和其他爬行动物一样，需要经常蜕皮。

在成长的过程中，
蛇需要**蜕皮**。

蛇的**脊椎**很长，
从头一直延伸到尾巴。

蛇的**身体**很长，
但它们的尾巴很短。
尾巴是蛇身体
最细的部分。

蛇不会被挤坏，
因为它的骨骼构造很特殊，
它的**肋骨**包围着全身，
就像一个狭长的笼子。

爬行动物用**肺**呼吸，
但几乎所有的蛇都只有一个肺。

**蜕皮**时，
蛇会把全身的老皮蜕成一个
圆筒形的长条。

蛇没有**眼睑**，所以要一直睁着眼睛。
但它的眼睛上覆盖着一层透明的鳞片，
可以起到保护眼球的作用。

蛇的**舌**尖分成两半，
被称为裂舌。
它可以帮助蛇分辨气味。

蛇的皮肤表面布满密密
麻麻的**鳞片**。

爬行动物没有外耳，
但它们可以用**下颌**接收外界的声音。

你知道吗？

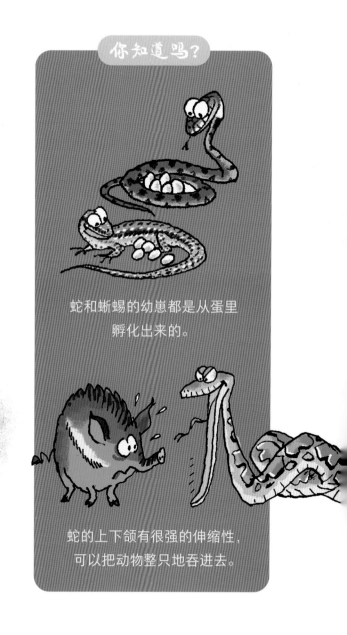

蛇和蜥蜴的幼崽都是从蛋里
孵化出来的。

蛇的上下颌有很强的伸缩性，
可以把动物整只地吞进去。

# 了不起的爬行动物！

爬行动物可不止蛇一种，还有许多别的种类。
大多数爬行动物都长着四肢，我们来看看那些被人所熟知的爬行动物！

**珊瑚眼镜蛇**色彩艳丽，
但它是世界上最危险的
毒蛇之一。

**脆蛇蜥**虽然没有四肢，但它
也是蜥蜴大家族中的一员。

**眼镜蛇**感到危险时，
会将前段身体立起来，
膨胀颈部，
让自己看起来更强大。

**壁蜥**是突袭的冠军！
它可以跳起来
捕捉空中飞舞的蝴蝶。

**响尾蛇**的尾巴上长着一个响环，
当它发动袭击时
就会震动响环。

**蟒蛇**会先用身体缠住猎物，再不断收紧，
直至猎物缺氧窒息。

**飞蛇**虽然不会飞，但从树上跳下
时会膨胀身体，方便向下滑翔。

**绿鬣（liè）蜥**可以长得比人还大，
幸亏它是食草动物！

**科莫多巨蜥**是蜥蜴家族中
个头最大的。它分泌的毒液
可以让猎物一命呜呼。

**飞蜥**身体两侧长有翼膜，
它可以轻而易举地在
空中滑行。

**壁虎**是攀爬的能手，
它甚至能在湿滑的岩
壁上爬行。

**巨蜥**跑得很快，
有时为了追赶猎物，
它们还能爬树。

**变色龙**会根据
自己的心情来改变皮
肤的颜色。

**巨蚺（rán）**是世界上最粗最长的蛇。
它们生活在南美热带雨林里的水边。

# 变色龙——
# 大自然的色彩魔术师

**变色龙是一种**
**非常有意思的动物。**
**它因为能改变身体的**
**颜色而被人们所熟知。**
**但它的本领可不止这些!**

变色龙生活在
热带地区。
它擅长攀爬,
几乎一生的时间
都是在树上度过的。

这只变色龙正在
寻找食物。
它通过转动眼珠
来观察四周的情况,
就连身后的情况
都看得一清二楚。

它的左右两只眼睛
还能同时看向
不同的方向。
看！那边有一条
可口的毛毛虫！
但距离太远了，
变色龙需要再靠近些
才能捉到它，
但它爬得太慢了……

它慢慢地、
悄悄地往前爬，
一只爪子放稳
再抬起另一只爪子，
这样可以保持
整个身体的平衡。

它终于爬到了
树枝的前端，
它用后腿和尾巴
勾住树枝，
身体往前倾。
它要怎么捕捉
这只毛毛虫呢？

嗖！它迅速地
弹出舌头，
粘住了毛毛虫。
太快了！
不到一秒钟的时间，
它就抓住了毛毛虫
并放进自己的嘴里。

刚吃完，它就改变了身体的颜色。
因为一只雌性变色龙出现了，它想打扮一下自己，取得对方的欢心。

# 爬行动物大家族

爬行动物的身上覆盖着密密麻麻的鳞片。
所有的爬行动物成长过程中都要经历蜕皮。

## 攀爬健将——壁虎

壁虎脚下长着带有吸盘的褶皱。

## 善于掘地的蜥蜴——石龙子

石龙子可以在沙地中迅速移动。

## 蛇

所有的蛇都没有脚，
但很多蛇都可以分泌毒液。

## 蜥蜴和蛇蜥

**蜥蜴**可以主动断掉尾巴，
迷惑追捕它的敌人。

**蛇蜥**没有脚，但它们在血缘关系上更接近蜥蜴，而不是蛇。

## 迷你龙和伪装高手

**鬣蜥**的头顶和背部的中间
长着肉冠。

**变色龙**的尾巴可以用来钩
在树枝上。

## 巨蜥

巨蜥是食肉动物，
它们会爬树，
还能在树与
树之间快速奔跑。

# 欢迎来到温带森林

欧洲大部分地区都是冬天寒冷，夏天炎热，秋天又经常下雨。
这种气候十分温和，因此欧洲地区的森林也十分的繁茂！

这群狼正在
追赶一只受伤的鹿。

狍（páo）子是跑步冠军，
它的速度可以达到每小时 100 千米。

这只红狐
正在捉田鼠。

为了让家人拥有更大的空间，
这只獾正在开拓地盘。

这片森林里有各种各样的树，
最著名的是橡树。

游蛇正在晒太阳。它是欧洲地区体型最
大的蛇，但没有毒性。

树懒

有五种不该出现在这里的动物混进了温带森林里。你能找出它们吗？

欧亚红松鼠在快速地爬树。

火烈鸟

灰林鸮喜欢白天休息，夜里捕食。

鸮（xiāo）是凶猛的猎食者。

野猪用嘴拱地，寻找埋在土中的植物种子和根茎。

五子雀能够头朝下沿着树干行走。

田鼠的后腿很发达，遇到危险时可以迅速跳起来逃跑。

穿山甲身上覆盖着鳞片。

这只林蛙在捕食小虫。

狼蛛

穿山甲生活在亚洲和非洲的热带森林里；树懒生活在中南美洲的热带森林中；狼蛛喜欢生活在温暖的地方；火烈鸟生活在湖泊或沼泽的浅水区；五种混进来的动物分别是穿山甲、树懒、狼蛛、火烈鸟和北美花栗鼠。

# 龟类大发现

**最早的乌龟跟恐龙生活在同一个时代。
那时候的乌龟比人还大!**

乌龟背上隆起的
壳被称为**背甲**。

乌龟**外壳**上是坚
硬的角质甲片。

乌龟有一条**短短
的尾巴**,露在壳
的外面。

脚上的**趾甲**可以挖
洞,乌龟可以把自己
或龟蛋藏在洞里。

乌龟的肚子下面也长着
壳,被称为**胸甲**。

乌龟没有外耳，它们的**耳朵**长在眼睛后侧皮肤的下面。

乌龟用肺呼吸，它有两个**鼻孔**。

乌龟的**嘴**长得有点像鸟喙。乌龟没有牙齿。

乌龟的**前腿**可以抬高身体，后腿可以往后用力，推动自己前进。

**你知道吗？**

龟壳也是乌龟身体的一部分，龟壳的成分是骨质。

乌龟的寿命很长，有的甚至能活到两百岁。

# 了不起的乌龟！

世界上的乌龟多种多样，有的生活在陆地上，有的生活在河里或大海里。
所有的乌龟都要在陆地上挖洞产卵，繁育后代。

**加拉帕戈斯象龟**有四个人那么重。
它能够活到一百多岁！

**佛罗里达箱龟**在头的两侧各长着一条红色花纹。
它生活在水里，但也可以轻松地爬上岸。

**赫尔曼龟**只有一只手掌
那么大，它们生活在欧洲
地中海沿岸国家。

**玳瑁**（dài mào）是体型最大的乌龟。它们生活在世界
各地的海域中。它们能够游几千公里，只为前往热带地
区温暖的沙滩上产卵。

**欧洲泽龟**是一种淡水龟。它生
活在欧洲的池塘与河流里。

**枯叶龟**生活在南美洲，十分善于伪装。它在捕食鱼类时，会吸溜一下把鱼吸进嘴里。

**绿海龟**只生活在热带地区的海洋中。它们喜欢在海滩上晒太阳。

**星龟**生活在印度。看到它们的样子，你就知道它们为什么叫这个名字了。

**蠵（xī）龟**在世界各地的海洋中游荡，龟壳的形状就像心的形状。

**希腊陆龟**可以抵挡夏天的干旱——它们会藏起来，不吃不喝地睡上好几个星期。

**豹纹陆龟**生活在非洲。它的体型很大，身长能达到 70 厘米。它是食草动物。

**拟鳄龟**生活在美洲。它们在水中捕食，擅长游泳，性格凶猛暴躁。

# 悠闲的巨龟 [2]

**它的体型大得像是来自史前时期，但完全不需要害怕它哟!**

巨龟生活在印度洋上的塞舌尔群岛。它们主要吃水果跟植物的叶子。

这只巨龟正在寻找食物。为了够到灌木的叶子，它用前腿撑起身体，把脖子伸得长长的。但低处的叶子已经都被吃光了!

[2] 野生个体已经灭绝，目前仅存的 100 只塞舌尔巨龟均为人工饲养。——编者注

所以它要去其他地方
寻找食物了。
和其他乌龟一样，
它也走得很慢。
它走 300 米需要花
一个小时！

它在路上遇到了一个
大麻烦：
一棵倾倒的枯树
拦住了它的去路，
它爬不过去。

唉！算了！
它只能绕着枯树走。
但这也不容易，
树枝总是绊脚，
上面的刺还时不时
地刺痛它。
真是艰难啊！

巨龟终于通过了这段路！
它来到海边，
慢慢地走到海里，
还把头埋到了水底。
它要做什么呢？

它找到食物了！哇哦，原来是海草，这在炎炎夏日里是多么美味的食物呀！

# 乌龟大家族

**科学家们把乌龟分成两大类。**

## 第一类：侧颈龟

这种乌龟的脖子缩进壳里时，颈部向一侧弯曲。

它们生活在江河沼泽等水域附近，数量并不多。

蛇颈龟

枯叶龟

## 第二类：曲颈龟

这种乌龟把脖子缩进壳里时，头位于肩膀的中间。大部分乌龟都属于这一类，世界各地都有它们的身影。

**陆龟与淡水龟**的四肢粗壮有力，脚上还长着爪子。

陆龟不在水中生活。

淡水龟擅长游泳，但也能在陆地上爬行。

加拉帕戈斯象龟

佛罗里达箱龟

**海龟**生活在大海里。它们在陆地上爬行比较艰难，因为它们的腿退化成了鳍。

玳瑁

绿海龟

# 欢迎来到河流

河流由雨水和从高山上流下来的雪水汇聚而成。

从山林中缓缓流淌的一整条河流给许多动物提供了栖息之地。

你认识生活在欧洲河流里以及河流附近的这些动物吗?

翠鸟正准备潜入水中捕捉小鱼。

这只头朝下、屁股朝上的绿头鸭正在吃水草。

这只雄性金线蛙正鼓着声囊准备放声歌唱,来吸引对面这位异性的关注。

水母身上的丝带有毒。

水蛭正等待其他动物从身边经过,然后趴在它身上吸血。

蜻蜓的幼虫在水里长大。

螯(áo)虾以植物和动物尸体为食。

淡水牡蛎在水底隐藏得很好。

美西螈(yuán)一直在水下生活。

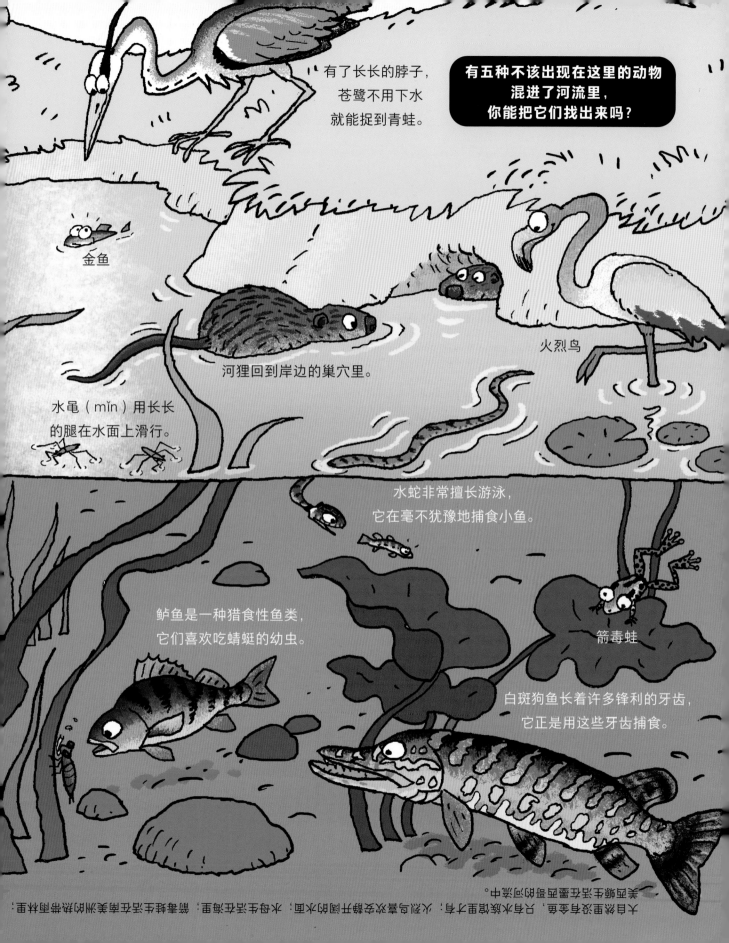

有了长长的脖子，
苍鹭不用下水
就能捉到青蛙。

有五种不该出现在这里的动物
混进了河流里，
你能把它们找出来吗？

金鱼

火烈鸟

河狸回到岸边的巢穴里。

水黾（mǐn）用长长
的腿在水面上滑行。

水蛇非常擅长游泳，
它在毫不犹豫地捕食小鱼。

鲈鱼是一种猎食性鱼类，
它们喜欢吃蜻蜓的幼虫。

箭毒蛙

白斑狗鱼长着许多锋利的牙齿，
它正是用这些牙齿捕食。

人们常常没有发觉，只有水族箱里才有金鱼；火烈鸟喜欢栖息在温暖的国家的浅水里；水母和水蛇一样；箭毒蛙生活在南美洲的热带雨林里；美洲鳄生活在沼泽和河流的深处中。

# 两栖动物大发现

**两栖动物的生命像鱼一样从水里开始，像陆生动物一样在陆地上结束。最常见的两栖动物就是青蛙了！**

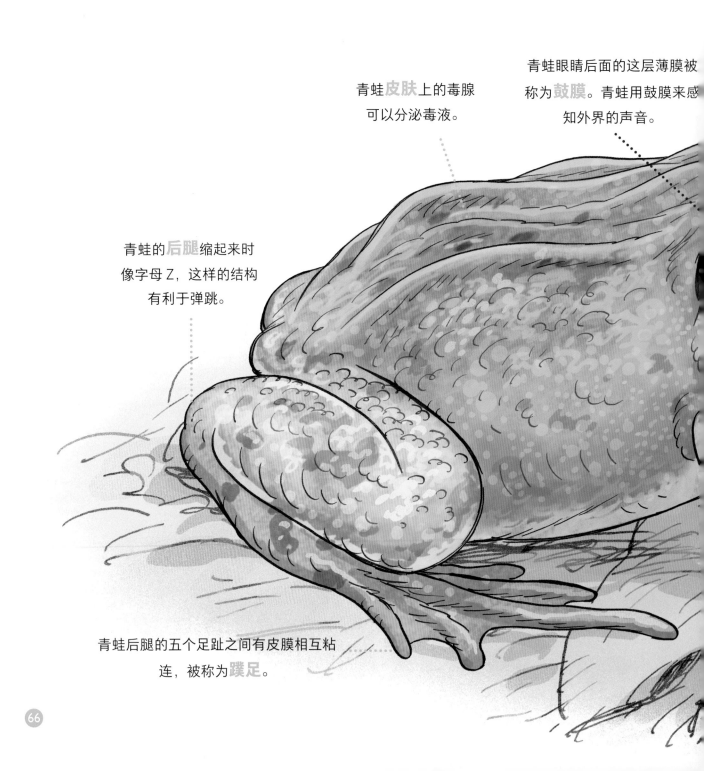

青蛙**皮肤**上的毒腺可以分泌毒液。

青蛙眼睛后面的这层薄膜被称为**鼓膜**。青蛙用鼓膜来感知外界的声音。

青蛙的**后腿**缩起来时像字母 Z，这样的结构有利于弹跳。

青蛙后腿的五个足趾之间有皮膜相互粘连，被称为**蹼足**。

青蛙的**眼睛长在头顶**，往外凸起，但当它闭上时，眼睛又会稍往里凹进。

青蛙有两个**鼻孔**，用肺部呼吸。蝌蚪在水中用鳃呼吸。

雄性青蛙鸣叫时可以把**声囊**鼓得跟气球一样圆。

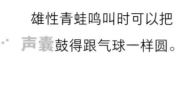

两栖动物只有**一枚颈椎**。它们如果想转动头部，必须旋转整个身体。

青蛙的**前爪**只有四个趾头。

**你知道吗？**

蟾蜍和青蛙不是亲戚，它们是两种不同的物种。

青蛙和蟾蜍出生的时候都是蝌蚪，然后再进行变态发育。

# 了不起的两栖动物！

**两栖动物需要到水里繁衍后代，
成年后的两栖动物大都生活在陆地上。**

**高山蝾螈**（róng yuán）长得有
点像蜥蜴。它在水里游动时会摇
动尾巴，它们一生都不会离开自
己生活的池塘。

**雨蛙**是杂技专家，它们的手
指末端上长着许多吸盘。

**海蟾蜍**为了吓走敌人，
会鼓起身体，让自己看起
来更大一些。

**火蝾螈**的身上黑红相间，在很长
一段时间里，人们都一直以为它
们不怕火！

**美西螈**生活在墨西哥，
即使是经过了变态发育
的成年美西螈也还长着
鳃片。

**箭毒蛙**生活在热带雨林。
它是最危险的青蛙，
皮肤可以分泌致命的毒液。

# 两栖动物大家族

早在 3.6 亿年前，两栖动物就出现了，比恐龙还早。
有些两栖动物长得还跟活在史前时期似的！

## 没有脚的两栖动物

蚓螈长得和蚯蚓很像，
它们生活在淤泥或
腐殖土里。

## 没有尾巴的两栖动物

它们后腿很长，擅长跳跃，
皮肤还会分泌毒液。

**青蛙**的皮肤很光滑，
它们可以跳起来用
舌头捕捉昆虫。

**蟾蜍**的皮肤上
长着许多痘痘。
它们也用舌头捕食小虫。

## 长着尾巴的两栖动物

尾巴让它们成为了游泳高手，
但它们也可以在陆地上或水底爬行。

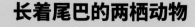

**高山蝾螈**的尾巴长得
有点像鱼鳍。

蝾螈

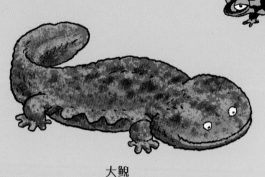

大鲵

美西螈

# 欢迎来到高山旷野

欧洲的高海拔山区有时很冷。但是当冰雪融化时，
动物们就会走出巢穴，为下一个冬天的到来储备食物。

黄嘴山鸦不用拍打翅膀
就能飞得跟山一样高，
它们利用的是风的力量。

交嘴雀可以用嘴轻松地
咬开松树上挂的果子。

日本猕猴
不怕冰雪！

这只蝙蝠将自己隐藏
在石头下，等待夜幕
降临后出门捕食。

鳄鱼

这只蝴蝶正在采食花朵
里的蜜汁。

这条蝰蛇在晒太阳。
当心，它的毒液有剧毒。

山野里有许多树木，由于他们的果实长得像球，
所以被称为球果植物。

金雕在天空中静静地翱翔，
它盯上了一只毫无防备的土拨鼠。

眼镜熊

野山羊不惧怕在
岩石边上腾空跳
跃，它们是登山
的能手。

雪豹是杂
技小王子。

有五种不该出现在
这里的动物
混进了山野里，
你能找出它们吗？

猞猁（shē lì）在山
林里寻找猎物。

岩羚羊来吃山坡
上的青草。

土拨鼠警惕性很高，一发现
危险，它就会吹响警报。

长耳狐长着大
大的耳朵！

伶鼬披上了夏装。从现在到
冬天，它只有肚子是白色的。

野兔毛发的颜色会随季节改变，
冬天它们是白色的。

长耳狐生活在非洲；日本猕猴生活在日本；眼镜熊
生活在南美洲的山林里；雪豹生活在我国中西部的高山上；臭鼬生活在北美
洲。所以，他们不该出现在这里。

# 鱼类大发现

所有的鱼类都生活在水里。它们没有肺，用鳃呼吸。
由于它们的体内也长有骨骼，所以又被称为硬骨鱼。

鱼张开**背鳍**时可以在水中稳定身体，合上背鳍时可以游得更快。

鱼的**身体**很窄，**肚子**和**背**都很纤细。

鱼的皮肤上覆盖着**鳞片**。

鱼用隐藏在鳃盖骨下面的**鳃**呼吸。这里的缝隙被称为**鳃孔**。

**腹鳍**位于肚子下面。

**鱼鳍**非常薄，
鱼鳍里面细长的骨头被称为鳍条。
这样的鱼鳍被称作辐鳍。

鱼的**侧线**可以感知
周围的水流。

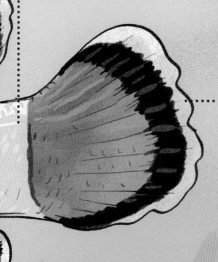

尾巴末端长的
**尾鳍**可以让鱼
游得很快。

**臀鳍**长在肛门的旁边。

**胸鳍**长在身体两边，
靠近头的地方。

鱼用产卵的方式繁殖后代，
刚出生的小鱼被称为鱼苗。

鱼在一生中都在不断长大。
同一种鱼，
体型大的肯定是更年长的。

# 了不起的鱼类！

鱼生活在江河湖海之中，
它们的模样千奇百怪。

**比目鱼**的身体扁扁的，
两侧还各长着一条长长的鳍。

**旗鱼**游得很快，可以超过每
小时 100 千米。它的背鳍就
像船帆一样。

**飞鱼**可以跳出水面，
在水上滑翔。

**鲭（qīng）鱼**的身体像锥子一样，
这可以让它游得很快。它们通常成群
地生活在一起。

**鮟鱇（ān kāng）鱼**猎食其他鱼类，
它通过摇动嘴上的长须吸引其他鱼类的注意，
以便引鱼上钩，送入自己口中。

**石头鱼**不动弹的时候真的很像
一块石头。

**皇带鱼**的身体很长，长得有点像蛇。

# 鱼类大家族

在很长一段时间里，人们一直都认为所有的鱼类都是一家人。
但其实有些鱼和爬行动物的关系更为密切。

## 长着鳍脚的鱼

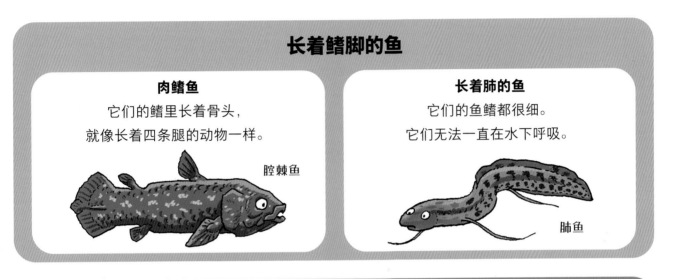

### 肉鳍鱼
它们的鳍里长着骨头，
就像长着四条腿的动物一样。

腔棘鱼

### 长着肺的鱼
它们的鱼鳍都很细。
它们无法一直在水下呼吸。

肺鱼

## 长着真正的鳍的鱼

这些鱼的鳍都很薄，而且鳍的里面长有辐辏状的鳍条作为支撑。

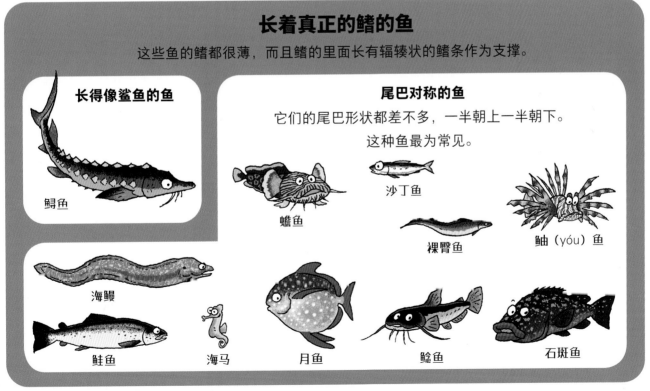

### 长得像鲨鱼的鱼

鲟鱼

### 尾巴对称的鱼
它们的尾巴形状都差不多，一半朝上一半朝下。
这种鱼最为常见。

沙丁鱼

蟾鱼

裸臀鱼

鲉（yóu）鱼

海鳗

鲑鱼

海马

月鱼

鲶鱼

石斑鱼

# 欢迎来到北极

北极特别冷，海面结了冰，这些厚厚的冰层形成了巨大的浮冰。
尽管冰天雪地，但在这些浮冰的上面、下面和周围都有动物生存呢！

象鼻海豹的鼻子很长。

海象在一块浮冰上休息，它那两颗巨大的牙齿名叫"獠牙"。

髯海豹喜欢在冰面上休息。但它们随时准备着遇到危险立即逃到水里。

这只环斑海豹把冰面钻了个洞，敌人到来时可以藏进去。

虎鲸把头探出水面，观察在冰面上休息的海豹。

露脊鲸正准备捕食虾群，这些小虾叫作"磷虾"。

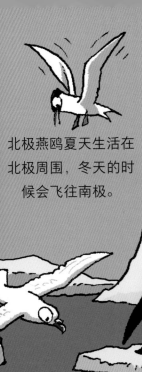

北极燕鸥夏天生活在北极周围，冬天的时候会飞往南极。

海雀的喙颜色鲜艳，有点像小丑的嘴巴。

有四种生活在南极的动物混进了北极动物里，你能找出他们吗？

帝企鹅

北极熊是北极的主宰。无论是在冰面上还是在水里，它都是捕食高手。

暴风鹱（hù）正贴着水面飞行，它们特别擅长滑翔。

白鲸用头顶破薄冰，浮出水面呼吸。

海鸠（jiū）冲进水里捕捉鱼虾。

豹海豹

大西洋斑纹海豚

鳕鱼喜欢北冰洋寒冷的海水。

独角鲸在冰盖下来回游荡，捕食鱼类。

帝企鹅、暴风斑纹海豚、大西洋斑纹海豚、豹海豹

# 鲨鱼大发现

鲨鱼的身体里没有骨头。
它们的骨架由一种软骨组织构成，
和硬骨鱼有很大区别。

鲨鱼的**背鳍**又被称
为鱼翅。

鲨鱼前进时靠左右摇摆**尾巴**保持平衡。
它前进的速度可以达到每小时 20 千米。

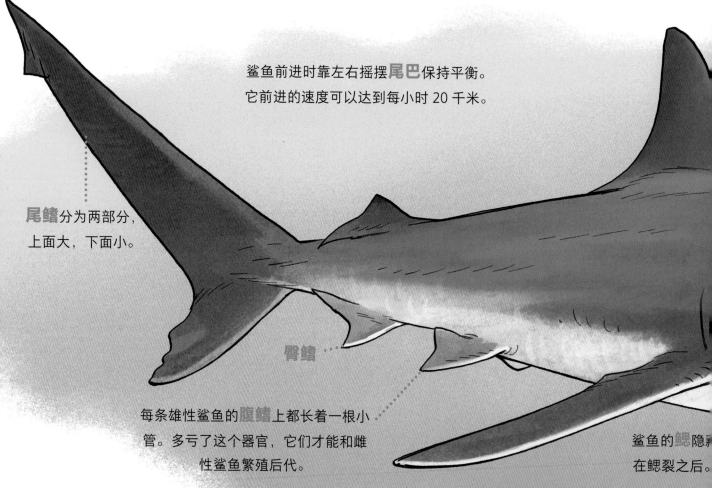

**尾鳍**分为两部分，
上面大，下面小。

**臀鳍**

每条雄性鲨鱼的**腹鳍**上都长着一根小
管。多亏了这个器官，它们才能和雌
性鲨鱼繁殖后代。

鲨鱼的**鳃**隐藏
在鳃裂之后。

鲨鱼的**身体**是扁的。
它的**背**和**肚子**都很宽。

鲨鱼的皮肤表面没有鳞片，
但覆盖着许多细小的颗粒，
所以很**粗糙**。

鲨鱼嘴的两侧各有一个**鼻孔**。
但它们不是用来呼吸的，
而是用来感知气味的。

鲨鱼的**嘴**里有电流接收器，
可以帮助它在水下探寻周围
的动物。就算猎物藏起来，
鲨鱼也能感觉得到。

鲨鱼的**胸鳍**像是两
只小翅膀。鲨鱼用它
们调节潜水深度。

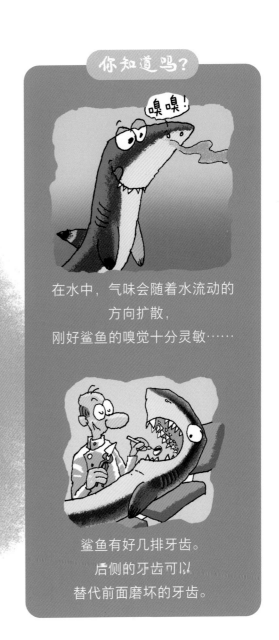

你知道吗？

嗅嗅！

在水中，气味会随着水流动的
方向扩散，
刚好鲨鱼的嗅觉十分灵敏……

鲨鱼有好几排牙齿。
后侧的牙齿可以
替代前面磨坏的牙齿。

# 了不起的软骨鱼！

鲨鱼和鳐鱼是近亲。尽管它们的外观有所不同，但实际上它们身体很多部位的构造都一样。

**双髻鲨**这个名字太贴切了！它的头往两侧突出，就像一边长了一个锤子。

**猫鲨**是一种小型鲨鱼，喜欢生活在礁石中间。世界各地的海洋中都有它的身影。

**绞口鲨**喜欢整天待在水底。它们喜欢在夜里捕食，然后狼吞虎咽地把猎物吃掉。

**扁鲨**也是一种鲨鱼，但它们的身体扁扁的，就像鳐鱼一样。它们在海底的沙地上生存，也在那里捕食。

**姥鲨**捕食时会张开大嘴缓缓前进，吞掉水中的所有小鱼虾。

**蝠鲼**（fèn）有两副巨大的鳍，
这让它看起来像只巨鸟。

**蓝斑条尾魟**（hóng）喜欢用沙子盖住
身体，隐藏在水底。
它的尾巴上长着一根毒刺。

**大白鲨**体型硕大，性格凶猛。它们的身体有六米长！
它最喜欢的食物是海豹。

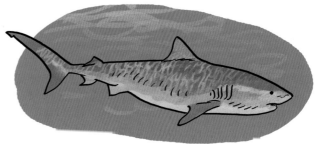

**鲸鲨**是最大的鲨鱼。但它只吃细小的海草
跟各种各样的小鱼虾。

**虎鲨**叫这个名字是因为
身上长着许多条纹。

# 猎食的鲨鱼

**鲨鱼是一种凶猛的猎食动物。**
**它移动迅速，几乎没有猎物能逃脱它的攻击。**
**人们称它为"顶级掠食者"。**

鲨鱼有很多不同的种类。
比如这一种，它的名字是"乌翅真鲨"，
生活在热带海洋的深海中。

鲨鱼利用灵敏的嗅觉
寻找猎物。
另外，它们还能顺着
水中的味道进行搜寻。
随着味道越来越浓，
它知道自己离猎物
越来越近了。

看！上方不远处
有一群鱼。
鲨鱼从下面
慢慢靠近，
但它没有立即
发动进攻。

它慢慢靠近鱼群。
但鱼群同时改变了
前进方向。
鲨鱼试了许多次，
把它们往礁石的
方向赶。

当鱼群紧紧围在一起,
再也无法后退时,
鲨鱼就发起进攻。
它迅速冲向鱼群,
并张开了血盆大口。

鲨鱼成功地
抓到了一条鱼!
其他的鲨鱼也赶来了,
现在鱼群受到了
来自各个方向的
鲨鱼的攻击。

美餐之后,
鲨鱼不准备继续捕食了
它刚刚听到了
一些奇怪的声音。
原来是有船往这边开来
鲨鱼还是喜欢走远一点
把自己隐藏起来。

# 软骨鱼大家族

早在 3.5 亿年前，鲨鱼和鳐鱼就出现了。
但现在的它们长得依然跟自己的祖先差不多。

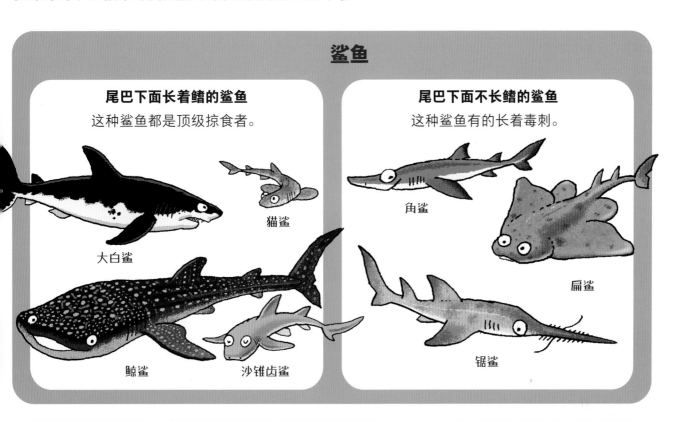

## 鲨鱼

### 尾巴下面长着鳍的鲨鱼
这种鲨鱼都是顶级掠食者。

大白鲨

猫鲨

鲸鲨

沙锥齿鲨

### 尾巴下面不长鳍的鲨鱼
这种鲨鱼有的长着毒刺。

角鲨

扁鲨

锯鲨

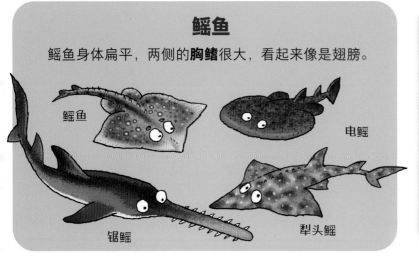

## 鳐鱼
鳐鱼身体扁平，两侧的**胸鳍**很大，看起来像是翅膀。

鳐鱼

电鳐

锯鳐

犁头鳐

## 鲛鱼
这种奇特的鱼生活在海洋深处。

银鲛

# 欢迎来到海洋

从岸上往远处看，宽广的海洋好像跟天空连在一起。
生活在海里的动物们，无论大小，都能够穿越山海，自由徜徉。

海燕只有在产卵时才
会回到岸上。

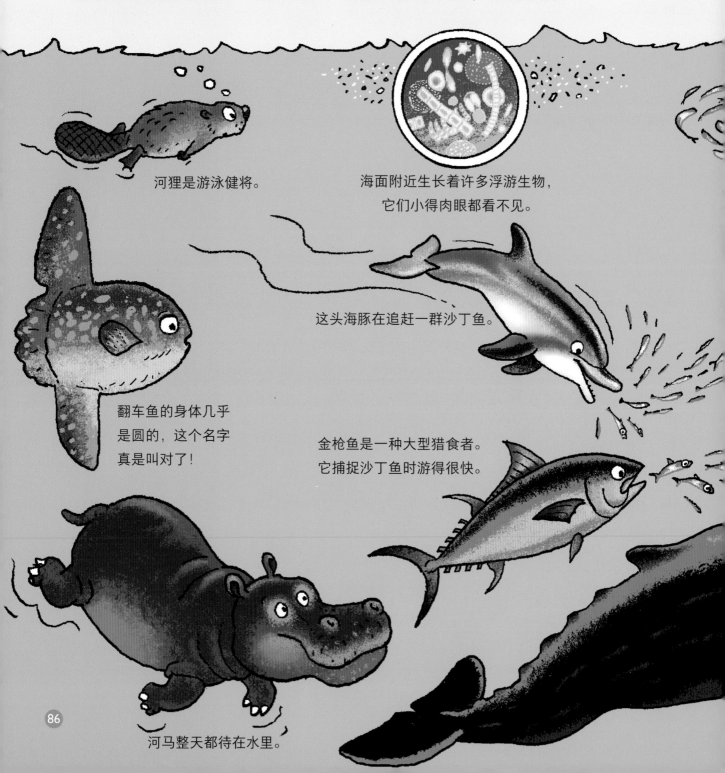

河狸是游泳健将。

海面附近生长着许多浮游生物，
它们小得肉眼都看不见。

这头海豚在追赶一群沙丁鱼。

翻车鱼的身体几乎
是圆的，这个名字
真是叫对了！

金枪鱼是一种大型猎食者。
它捕捉沙丁鱼时游得很快。

河马整天都待在水里。

翠鸟

三趾海鸥是唯一能够远离陆地生存的海鸥。

大鲣鸟可以俯冲到水里袭击沙丁鱼群。

**有五种不属于这里的动物混进了海洋里，你能找出它们吗？**

鬣蜥

青蛙

沙丁鱼喜欢成群结队地活动，它们可以同时快速地改变方向。

大青鲨可以利用嗅觉从很远的地方感知到沙丁鱼的位置。

水母游动时，有毒的裙带自由飘动。

玳瑁游泳时会摇动四肢，就像拍打翅膀一样。

为了捕食大王乌贼，抹香鲸可以下潜到一千多米的深海中。

大王乌贼的触角很长，上面还长着吸盘。

答案见本页底部：海豚多数生活在海洋里，但它们有几种生活在非洲；翡翠生活在非洲和美洲的森林里。

鬣蜥生活在沙漠里；青蛙生活在淡水里，有些生活在非洲；翠鸟生活在亚洲和欧洲。

# 小型无脊椎类大发现

这些动物没有骨骼，但它们不都是软绵绵的，
而且也不是全都体型很小，有的甚至比人还要大。

**软体动物**

它们身体柔软，但大多数都长着甲壳来保护自己。

蜗牛

角贝

章鱼

象拔蚌

乌贼

贻贝

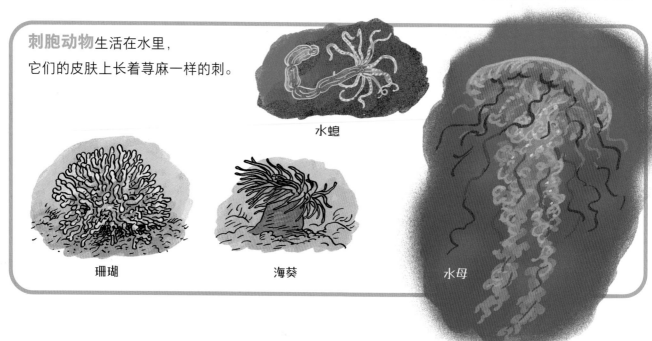

**刺胞动物**生活在水里，
它们的皮肤上长着荨麻一样的刺。

水螅

珊瑚

海葵

水母

**涡虫**和它的家族成员都是身体扁平的蠕虫。

**线虫**是一种身体圆柱形的蠕虫，有些线虫生活在动物的肚子里。

**纽虫**生活在水底，看起来像一条长长的丝带。

下面这些动物身上长着刺，被称为**棘皮动物**。

海星

海胆

海蛇尾

海参

**环节动物**的身体很长，由许多环形体节组成。但有时根本看不出来它们有很多节！

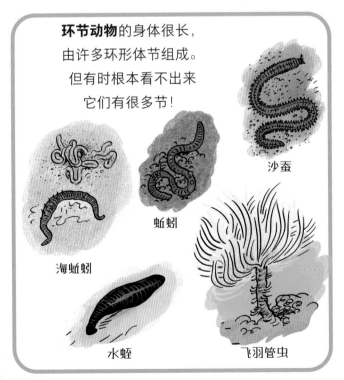

沙蚕

蚯蚓

海蚯蚓

水蛭

飞羽管虫

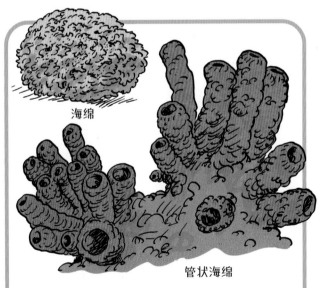

海绵

管状海绵

**海绵**生活在海中。由于它们无法活动，很长一段时间里我们都以为它们是植物。

# 了不起的无脊椎动物！

无脊椎动物浑身上下都覆盖着角质甲壳，它们也叫作节肢动物。
幸运的是，它们的甲壳之间由关节连接，可以自由活动！

**昆虫**的身体分为三个部分：
头、胸和腹，几乎所有昆虫都有翅膀。

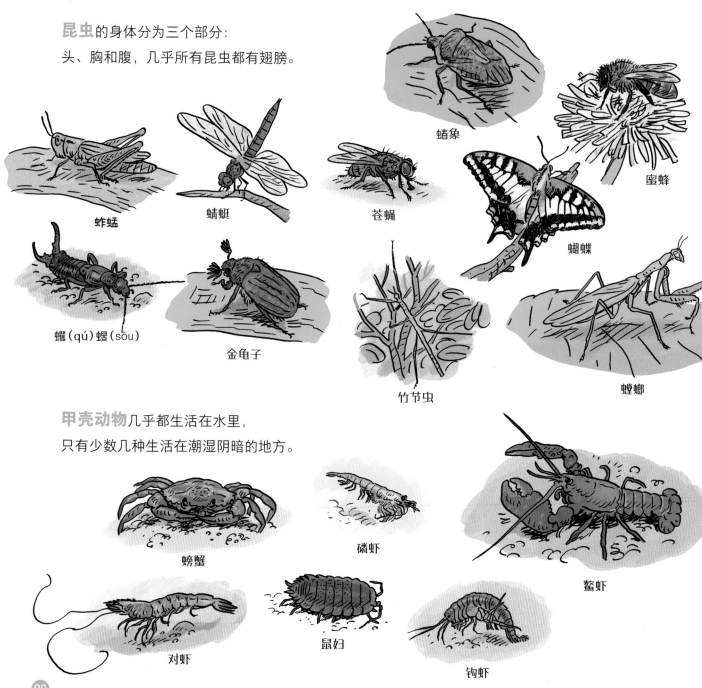

蝽象

蜜蜂

蚱蜢

蜻蜓

苍蝇

蝴蝶

蠼（qú）螋（sōu）

金龟子

竹节虫

螳螂

**甲壳动物**几乎都生活在水里，
只有少数几种生活在潮湿阴暗的地方。

螃蟹

磷虾

鳌虾

对虾

鼠妇

钩虾

**颚足纲**动物的腿只能用来捕食，不能行走。
颚足指的是像嘴一样的脚。

**千足虫（马陆）**
千足虫的脚并没有一千只，
但最长的千足虫有上百只脚。

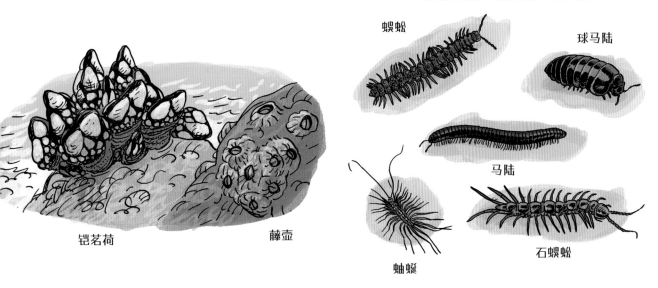

蜈蚣　　球马陆

马陆

蚰蜒　　石蜈蚣

**蜘蛛**的身体只有两个部分。它们嘴边的毒牙被称为"螯肢"。

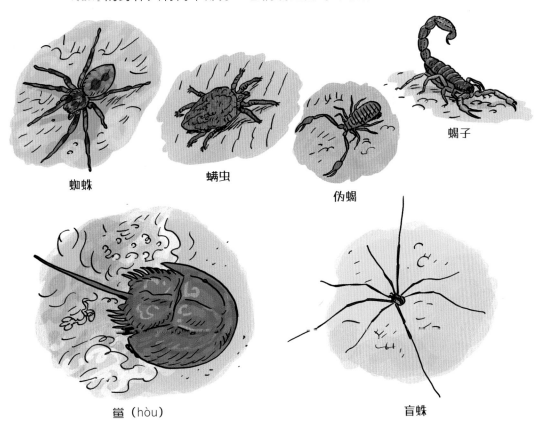

蜘蛛　　螨虫　　伪蝎　　蝎子

鲎（hòu）　　盲蛛

# 索 引

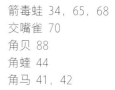